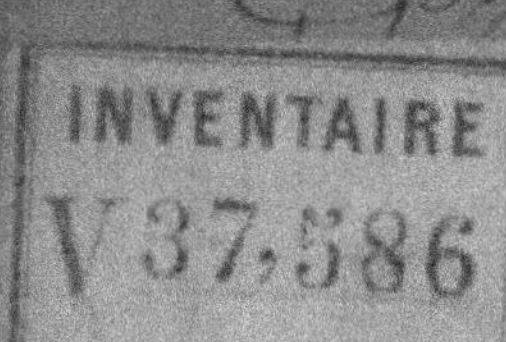

ÉCOLE

DES

SONNERIES DE MANŒUVRE

MÉTHODE

ADOPTÉE POUR L'ÉTUDE DES SONNERIES

DANS

LES BATAILLONS DE MARINS FUSILIERS

ET

LES COMPAGNIES DE DÉBARQUEMENT

À BORD DES BATIMENTS DE LA FLOTTE

2ᵉ ÉDITION.

PARIS

LIBRAIRIE MILITAIRE.

J. DUMAINE, LIBRAIRE-ÉDITEUR DE L'EMPEREUR,

Rue et Passage Dauphine, 30.

1864

ÉCOLE

DES

SONNERIES DE MANOEUVRE

MÉTHODE

ADOPTÉE POUR L'ÉTUDE DES SONNERIES

DANS

LES BATAILLONS DE MARINS FUSILIERS

ET

LES COMPAGNIES DE DÉBARQUEMENT

À BORD DES BATIMENTS DE LA FLOTTE.

2ᵉ *ÉDITION.*

PARIS,

LIBRAIRIE MILITAIRE.

J. DUMAINE, ÉDITEUR DE L'EMPEREUR,

Rue et passage Dauphine, 30.

1864

Paris. — Imp. de Cosse et J. Dumaine, r. Christine, 2.

PRÉFACE.

Il est inutile d'insister ici sur l'impor-
tance du rôle que jouent les sonneries de
manœuvre dans les opérations militaires.
Grâce à ces signaux un chef peut, dans
toutes les circonstances, diriger suivant ses
vues les diverses fractions éparses de la
troupe placée sous ses ordres.

Cette observation, vraie pour l'armée de
terre, devient surtout frappante pour un
corps de marins jeté à terre. Les terrains
difficiles sur lesquels les compagnies de débarquement sont appelées à agir, l'absence
de chevaux pour monter les officiers supé-
rieurs et les officiers d'ordonnance, font
que le clairon devient un instrument encore
plus précieux, qui offre à l'officier le moyen
le plus facile de rester en communication
constante avec ses hommes.

Les sonneries doivent donc être, dans la
marine, l'objet d'écoles suivies, et on peut

affirmer que si cette étude est négligée, quelle que soit par ailleurs l'instruction militaire des fusiliers, tout débarquement pourra devenir l'occasion d'un grand désordre et, par suite, d'un désastre. Il était donc utile de rechercher les moyens les plus propres à rendre familière aux marins la connaissance des sonneries.

De tous les moyens, le plus simple consiste à appliquer à chacune des sonneries des paroles qui rappellent son objet. Dans la pratique, ce moyen a dépassé les espérances, et on peut affirmer qu'il est efficace, aussi prompt que certain.

Le seul intérêt, dans une composition de ce genre, était d'exprimer l'action par un choix de mots dont les syllabes pussent reproduire exactement la coupe musicale de la sonnerie ; pour satisfaire à cette condition, on a sacrifié souvent, sans scrupule aucun, les règles de la versification pour rester fidèle à la musique.

Le système de signaux présenté ici est le même que celui en usage pour les chasseurs à pied. Il est à peine besoin de dire que ce système se compose :

1° D'un certain nombre de sonneries générales, indiquant les divers mouvements qu'une troupe peut exécuter, les feux, etc.

Et 2° d'une marche particulière à l'arme, d'un refrain pour chaque bataillon de cette arme, et d'une sonnerie spéciale à chacune des huit compagnies qui composent un bataillon.

Cette deuxième série de signaux sert à particulariser ceux de la première série ; c'est, comme l'on voit, le système en usage dans la flotte, où un ordre général est particularisé par un numéro.

Nota. Cette connaissance des sonneries, indépendamment du besoin spécial auquel elle doit satisfaire, pourra encore devenir utile et trouver son emploi dans mille circonstances du service : *le branle-bas de combat, la manœuvre des embarcations armées en guerre, la brise, les remorques, etc., etc.*

INSTRUCTION

POUR

L'ÉCOLE DES SONNERIES.

———

Les hommes sont réunis et formés en cercle; l'instructeur, ayant un clairon à côté de lui, se place au centre.

Chaque sonnerie est jouée d'abord par le clairon, puis, selon que cette sonnerie est à deux ou à trois temps, l'instructeur comptant 1, 2 ou 1, 2, 3, les hommes entonnent la sonnerie dont l'air vient de leur être indiqué par le clairon.

Cette manière de faire est une répétition et suppose déjà chez les marins une connaissance assez grande de l'école.

Pour commencer l'enseignement, l'instructeur fera étudier chaque sonnerie par bribes, en chantant avec les hommes. Il fera des coupures là où le sens des paroles ou celui de la cadence musicale s'y prêteront le mieux.

Le mouvement, très-lent d'abord, sera accéléré

peu à peu, jusqu'à ce que l'on arrive à la rapidité voulue.

Nota. Une masse d'hommes peut difficilement chanter à l'unisson du clairon, dont le ton est fort élevé ; pour parer à cet inconvénient, on fera ajouter à l'instrument un embout droit ou courbe de 20 centimètres environ.

SONNERIES.

EXPLICATION DES SIGNES

Mouvement au métronome de Maelzel.

$\flat = 76$ 𝄞 **4** ou 76 pas à la minute.

$\flat = 80$ 𝄞 **3** ou 80 pas à la minute.

$\flat = 100$ 𝄞 $\frac{6}{8}$ ou 100 pas à la minute.

$\flat = 120$ 𝄞 **2** ou 120 pas à la minute.

Silence. ⌐   Demi-silence. ⌐

1.

SONNERIES DE MANŒUVRES.

GARDE A VOUS!

CLAIRON.

CHANT.

Ah ! garde à vous ! garde à vous ! braves lurons,
Que le roulis chavire les bidons.

LA BAYONNETTE AU CANON.

CLAIRON.

CHANT.

L'ennemi, sans façon
Vers nous s'avance ;
Oui, par prudence,
« Bayonnette au canon. »

REMETTRE LA BAYONNETTE.

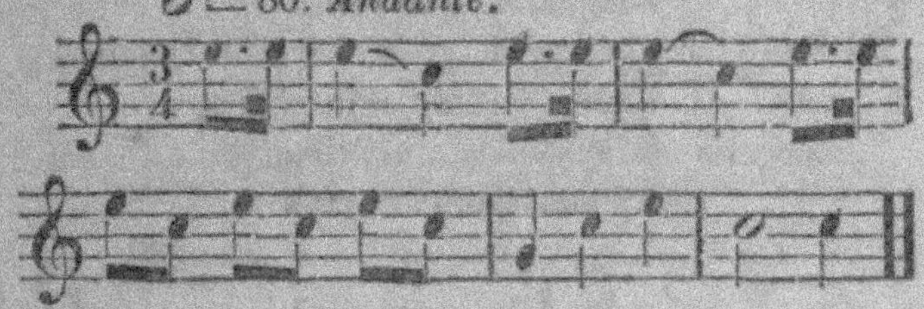

Sonnez clairons (*bis*).
La place est nette,
Et remettons
La bayonnette.

PAS ACCÉLÉRÉ.

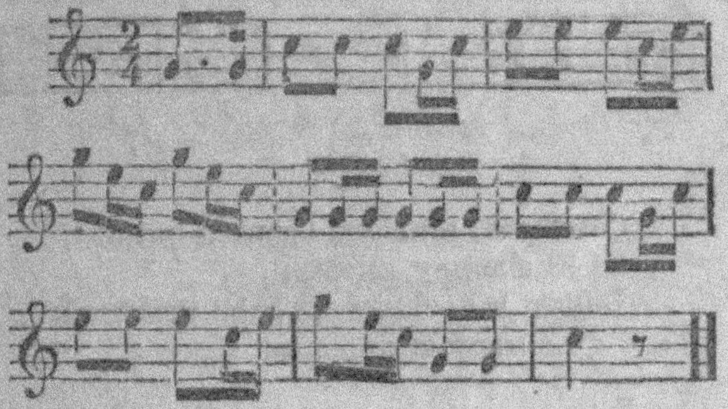

CHANT.

Cadençant le pas,
Narguant le trépas,
En avant ! Beau marin, gros chéri des amours.
Dans l'sentier d'la gloire,
Le ch'min d'la victoire,
Carrément faut marcher toujours.

PAS DE CHARGE.

CLAIRON.

CHANT.

Chargeons, matelots, l'ennemi qui fuit,
Et allons-y gaiement.
Taillant la doublure et l'habit sans bruit
En frappant durement.

PAS GYMNASTIQUE.

CLAIRON.

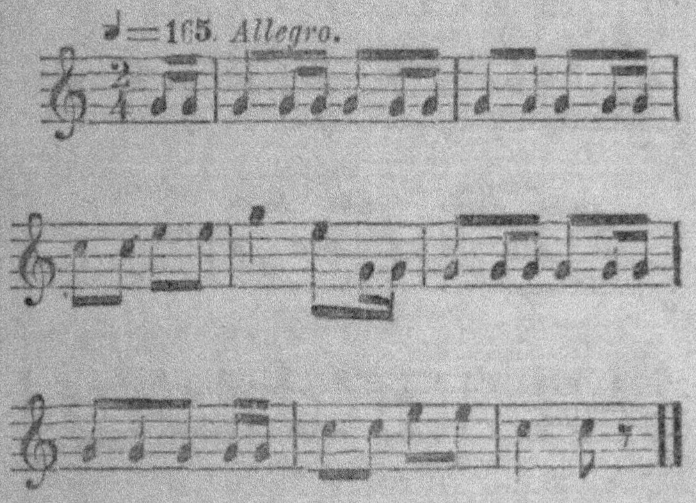

CHANT.

Sans sauter,
Sans broncher,
Levant les talons,
Prenons le pas gymnastique
Pour courir
Sans pâtir
A ce pas, garçons,
Qne chacun de nous s'applique.

PAS DE COURSE.

CLAIRON.

CHANT.

C'est la garde qui nous poursuit,
Au pas de course, enfants, lestement et sans bruit,
Décampons soudain, car sinon,
Nous irons=cette nuit tous coucher au violon (*bis*).

DÉPLOYER EN TIRAILLEURS.

CLAIRON.

CHANT.

Tirailleur,
Déployons,
Mon ami,
Sans tarder
D'attaquer
L'ennemi,
Point n'ayons,
Peur.

MARCHER EN AVANT.

CLAIRON.

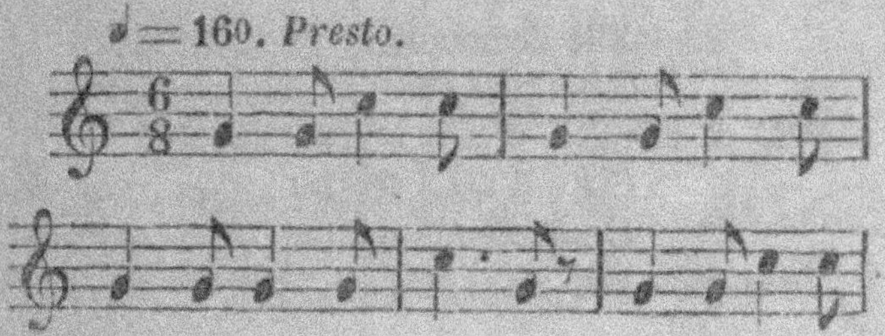

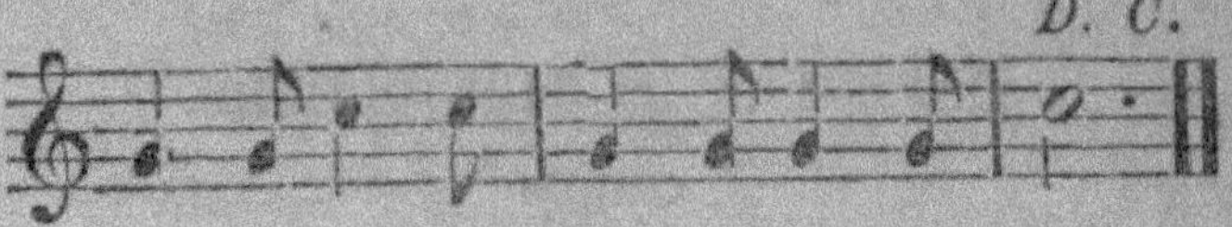

CHANT.

En avant joyeux marins,
Marchons, courons, volons,
Franchissant pics et ravins,
Les monts et les vallons.

MARCHER EN RETRAITE.

CLAIRON.

CHANT.

V'la l'ennemi,
Crois moi l'ami
Vit' en retraite, il faut tourner le dos ;
Car s'il nous croche
Il nous embroche
Sans crier gar', sans respect pour nos os.

HALTE.

CLAIRON.

CHANT.

Halte-là! halte-là!

MARCHER PAR LE FLANC DROIT.

CLAIRON.

CHANT.

En avant, joyeux marins,
Marchons, courons, volons,
Bidon sec, bidon sec.

MARCHER PAR LE FLANC GAUCHE.

CLAIRON.

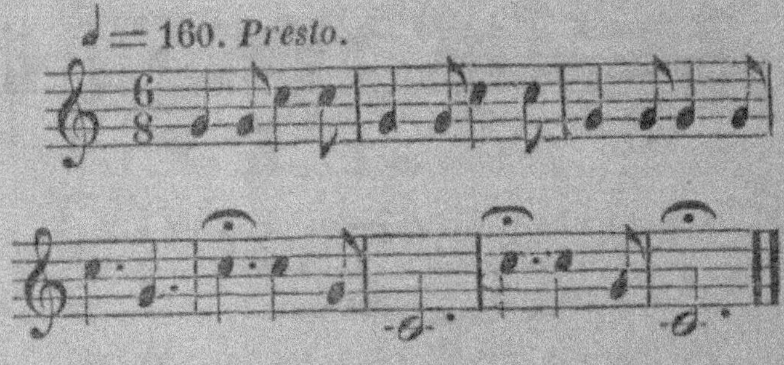

CHANT.

En avant, joyeux marins,
Marchons, courons, volons,
Charnier plein, charnier plein.

COMMENCEZ LE FEU.

CLAIRON.

CHANT.

Feu ! feu ! feu ! feu ! feu !
Chargez ! chargez ! chargez !

CESSEZ LE FEU.

CLAIRON.

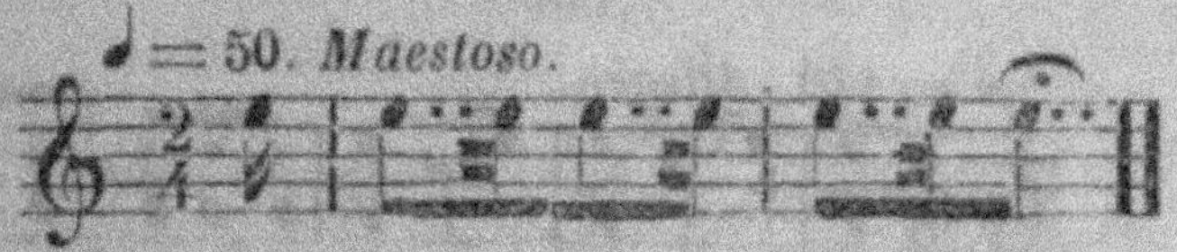

CHANT.

Tais-toi ! tais-toi ! tais-toi ! tais-toi !

CHANGER DE DIRECTION A DROITE.

CLAIRON.

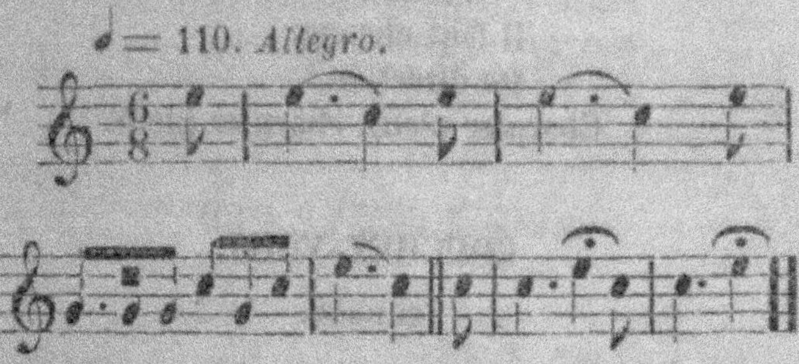

CHANT.

Sans troubler
L'action,
Il faut changer
De direction.
Bidon sec, bidon sec.

CHANGEMENT DE DIRECTION A GAUCHE

CLAIRON.

CHANT.

Sans troubler
L'action
Il faut changer
De direction.
Charnier plein, charnier plein.

COUCHEZ-VOUS.

CLAIRON.

CHANT.

Couchez-vous, avec nous.

LEVEZ-VOUS

CLAIRON.

CHANT.

Levez-vous, tout debout.

RALLIEMENT PAR QUATRE.

CLAIRON.

CHANT.

Rallions, matelots, rallions,
Rallions 4 par 4 aux bidons.

RALLIEMENT PAR DEMI-SECTION.

CLAIRON.

CHANT.

Rallions, matelots, rallions,
Pour courir
Sans pâtir.
A ce pas, garçons,
Que chacun de nous s'applique.

NOTA. Ce ralliement s'exécute ordinairement sur le groupe du centre. Lorsqu'il devra s'exécuter sur le groupe de droite ou sur celui de gauche, on l'indiquera en faisant suivre la sonnerie du signal de *Bidon sec* ou de celui de *Charnier plein.*

RALLIEMENT PAR SECTION.

CLAIRON.

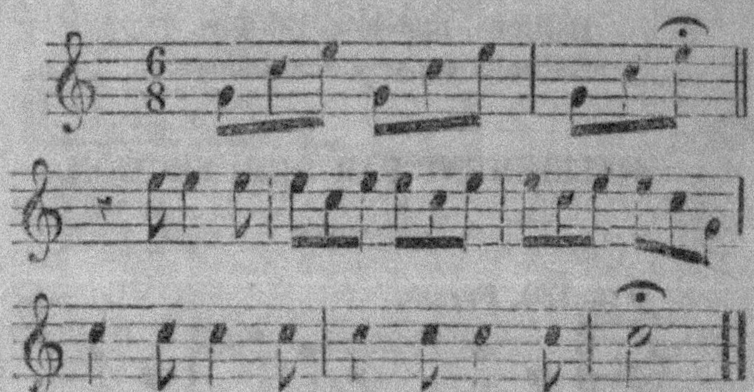

CHANT.

Rallions, matelots, rallions,
Car sinon
Nous irons=cette nuit tous coucher au violon (*bis*).

NOTA. Ce ralliement s'exécute ordinairement
sur le groupe du centre. Lorsqu'il devra s'exécuter sur le groupe de droite ou sur celui de gauche,
on l'indiquera en faisant suivre la sonnerie du signal de *Bidon sec* ou de celui de *Charnier plein*.

RALLIEMENT SUR LA RÉSERVE.

CLAIRON.

CHANT.

Pour boire un fût jusqu'à la lie,
Rallions, matelots, rallie.

RALLIEMENT SUR LE BATAILLON.

CLAIRON.

CHANT.

Pour boire un fût jusqu'à la lie,
Rallions, matelots, rallie,
Rallie, rallie, rallie, rallie, rallie, rallie, rallie, rallie,
Vit'.

RASSEMBLEMENT SUR LE BATAILLON.

CLAIRON.

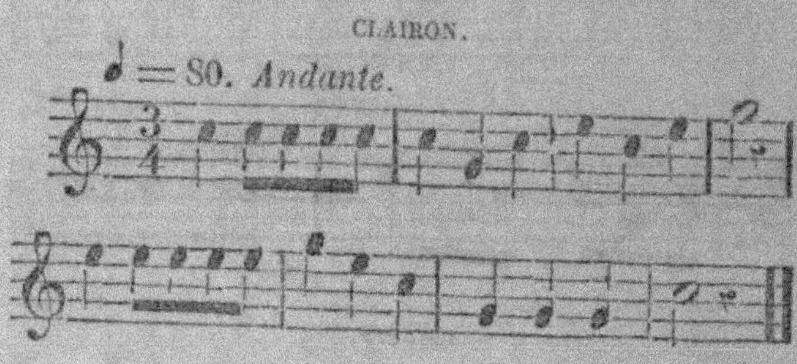

CHANT.

Soudain en bataillon, formons-nous vivement,
Tenons-nous coude à coude et bel alignement.

AU DRAPEAU.

CLAIRON.

CHANT.

A nos couleurs sacrées, soyons toujours fidèles,
En braves matelots, prêts à mourir pour elles.

MARCHE DES MARINS.

CLAIRON.

CHANT.

Prends ton sac, Mathurin,
Et bientôt sans chagrin
A ta file, à ton rang dans la ligne,
A quinz' pas devant toi
Regardant fixe et coi,
Tu suivras du soldat la consigne.

REFRAINS DES BATAILLONS.

PREMIER BATAILLON.

CLAIRON.

CHANT.

Entends-tu, camarade,
Le rappel du clairon,
Signal de l'algarade
Chantée par le canon.

DEUXIÈME BATAILLON.

CLAIRON.

CHANT.

Faisons vite,
Courons vite
Tous là–bas
Au branl'-bas ;
Clarinettes
Gentillettes,
Du plain–chant
C'est l'instant.

TROISIÈME BATAILLON.

CLAIRON.

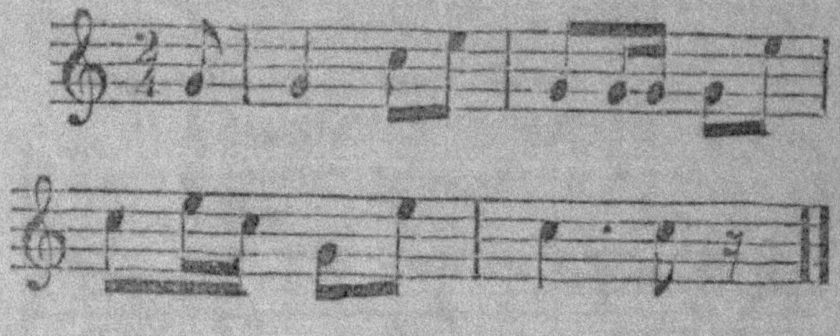

CHANT.

Déjà le clairon résonne,
Courons où le canon tonne.

QUATRIÈME BATAILLON.

CLAIRON.

CHANT.

Marchons !
N'entends-tu pas, morbleu !
Les sons
Qui nous appellent au feu.

CINQUIÈME BATAILLON.

CLAIRON.

CHANT.

Ohé ! mes gaillards,
A nous la bataille ;
Il faut en grognards
Plumer la volaille.

SIXIÈME BATAILLON.

CLAIRON.

CHANT.

Courons à l'ennemi,
Poussons-le vivement ;
Sans bouder, mon ami,
Allons-y crânement.

Nota. Les six refrains qui précèdent doivent suffire, cependant nous donnerons encore les deux refrains suivants dont nous nous dispenserons d'indiquer les paroles.

SEPTIÈME BATAILLON.

CLAIRON.

HUITIÈME BATAILLON.

CLAIRON.

REFRAINS

DES DIVERSES COMPAGNIES, PAR BATAILLONS.

PREMIÉRE COMPAGNIE.

CLAIRON.

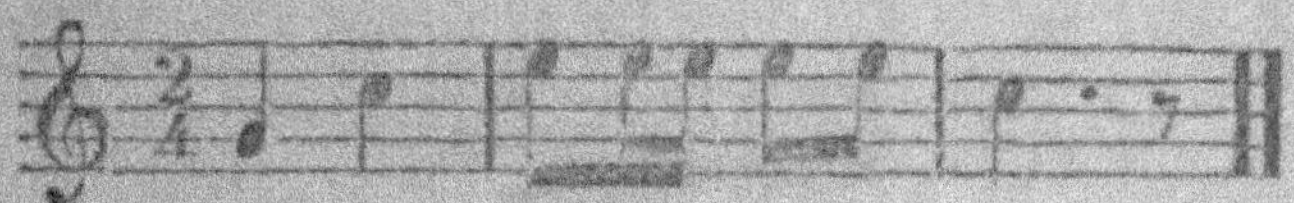

CHANT.

Aux marins,
Peines ni chagrins.

DEUXIÉME COMPAGNIE.

CLAIRON.

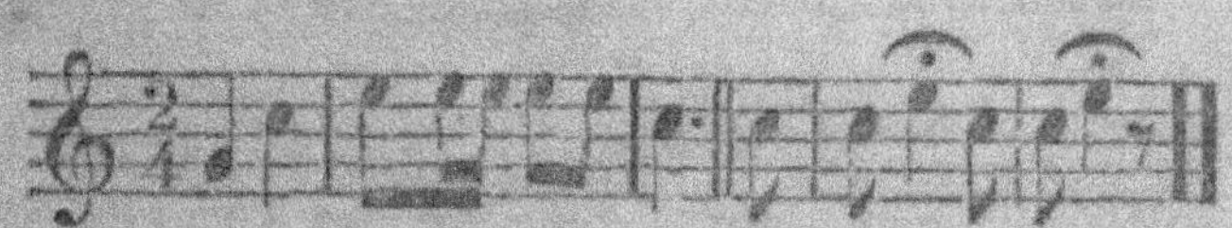

CHANT.

Aux marins,
Peines ni chagrins,
Bidon sec, bidon sec.

TROISIÈME COMPAGNIE.

CLAIRON.

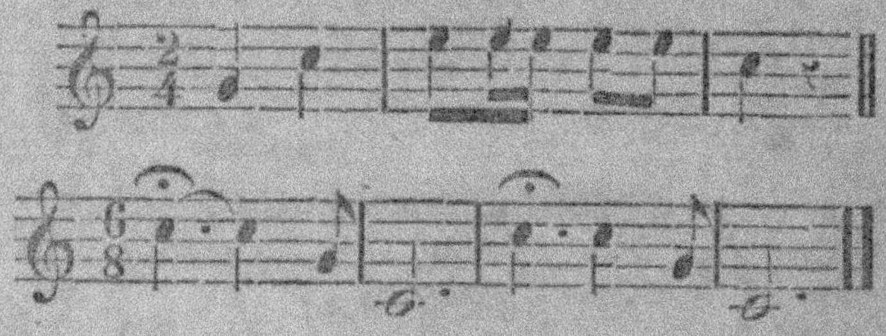

CHANT.

Aux marins,
Peines ni chagrins,
Charnier plein, charnier plein

QUATRIÈME COMPAGNIE.

CLAIRON.

CHANT.

Aux marins,
Peines ni chagrins,
Allons vit', allons-y.

CINQUIÈME COMPAGNIE.

CLAIRON.

CHANT.

Aux cabillots,
Misère et mauvais lots.

SIXIÈME COMPAGNIE.

CLAIRON.

CHANT.

Aux cabillots,
Misère et mauvais lots,
Bidon sec, bidon sec.

SEPTIÈME COMPAGNIE.

CLAIRON.

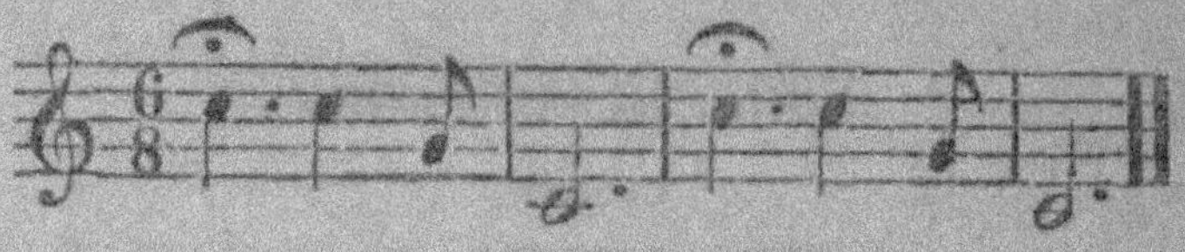

CHANT.

Aux cabillots,
Misère et mauvais lots,
Charnier plein, charnier plein.

HUITIÈME COMPAGNIE.

CLAIRON.

CHANT.

Aux cabillots,
Misère et mauvais lots,
Allons vit', allons-y.

QUELQUES SONNERIES DES PLUS USUELLES.

LE RAPPEL.

(l'exercice).

CLAIRON.

CHANT.

Vit' au rappel nous nous rendons, { *bis.*
Sans ça pas de vin aux bidons.

L'ÉCOLE.

(la théorie).

CLAIRON.

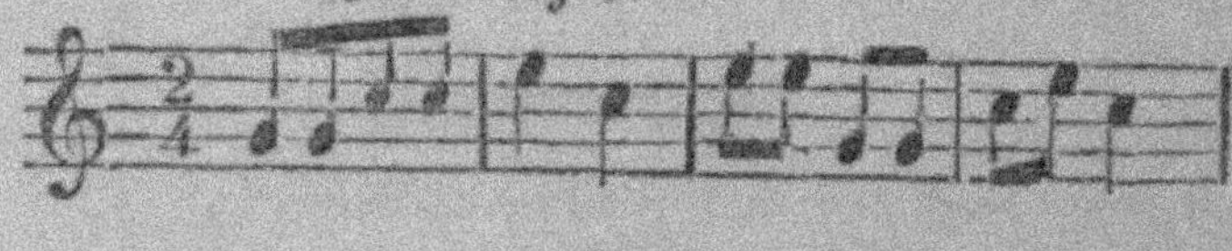

CHANT.

Pour aller en classe,
Voici l'heure et le moment,
Tout ça nous tracasse ;
C'est bien assommant.

L'APPEL.

CLAIRON.

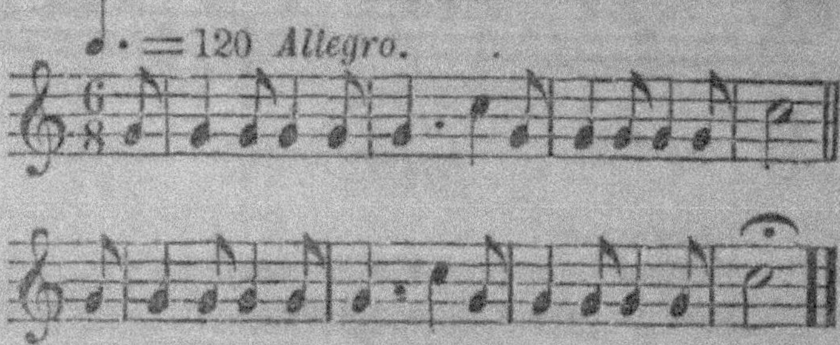

CHANT.

A l'honneur, à nos belles,
A la gloire, aux amours,
Aux bidons, aux gamelles,
Crions : présents toujours.

PAS GYMNASTIQUE

(armement en guerre des embarcations).

CLAIRON.

CHANT.

Pour aller au bal ce soir
Ça nous fait bien rasoir ;
Entends des canots sonner
L'armement guerrier.
J'aurais préféré, sais-tu,
Pincer un rigodon
Que de patiner, vois-tu,
Un mauvais aviron.

EXTINCTION DES FEUX
(Exercice d'incendie.)
CLAIRON.

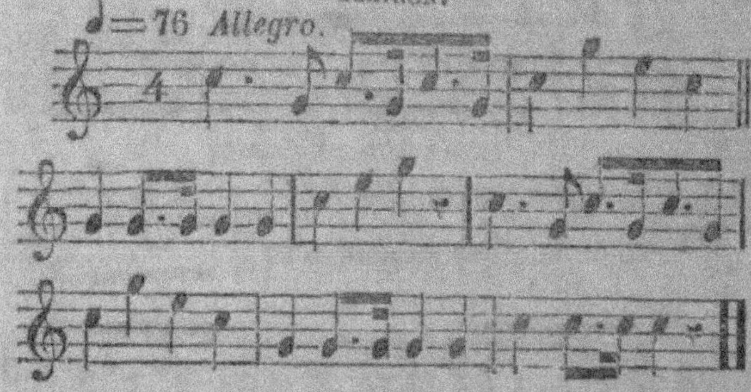

CHANT.

Partout aux pompes courez,
Tôt dépêchons,
Car sinon,
Oui, tout est cuit ;
Partout en masse agissez,
Vit' éteignons
Le brandon
Du feu qui reluit.

LA BERLOQUE.

CLAIRON.

CHANT.

Bitte et bosse,
Une noce,
Amis tous chantons,
C'est fini,
Tâche faite
Et complète ;
En chœur répétons,
C'est fini,
Oui.

FIN.